AF233824

MÉTHODE

Pour teindre la Soie en plusieurs nuances de Rouge vif de Cochenille, & autres couleurs.

Par M. MACQUER, de l'Académie Royale des Sciences.

COMPOSITION DU MORDANT.

LA réussite de ces nouvelles couleurs, dépend de la composition & de l'application d'un mordant qui se fait de la manière suivante :

On suppose qu'on veuille teindre six livres de Soie, en quelque nuance de rouge, suivant la nouvelle méthode, il faut pour cela faire une eau régale composée de quatre livres d'eau forte ordinaire, & de deux livres de bon esprit de sel.

D'une autre part, on fera fondre dans une cuillère de fer, trois livres d'étain fin de *Melac*, & on le coulera dans l'eau pour le grenailler, c'est-à-dire pour le réduire en parties menues & minces : on mettra l'eau régale dans un pot de grès ; on jettera dedans une petite portion, c'est-à-dire environ une once de la grēnaille d'étain : on laissera cet étain se diffoudre entièrement de lui-même à froid. Quand cette première portion sera diffoute en entier, ou du moins qu'il n'en reftera prefque plus, on jettera dans le pot une portion d'étain moitié moindre que la première, c'eft-à-dire une demi-once feulement : on laissera de même diffoudre cette feconde portion, après quoi on mettra une nouvelle demi-once, & on continuera ainfi de mettre fon étain par demi-once; obfervant toujours de n'en point ajouter une nouvelle portion, jufqu'à ce que la précédente foit entièrement diffoute, & on continuera ainfi, jufqu'à ce qu'on ait fait diffoudre fes trois livres d'étain.

Enfuite on affoiblira cette liqueur en y mêlant fix pintes ou douze livres d'eau de rivière bien claire, & le mordant fera préparé.

Couleur de Cerife en cochenille.

SI l'on veut teindre les fix livres de Soie en couleur de cerife de cochenille, on mettra le mordant préparé comme il vient d'être dit, dans un grand vaiffeau de grès fort évafé, comme par exemple une grande terrine, on prendra une ou plufieurs *pantines* ou *mateaux* de Soie, fuivant leur groffeur, & on les paffera dans le mordant, jufqu'à ce que la Soie foit bien également imbibée & pénétrée dans toutes fes parties, ce qui ne demande que fort peu de temps; on tordra cette Soie, à la main au-deffus de la terrine, le plus fort qu'on pourra, pour ne perdre du 'mordant que le moins qu'il fera poffible : on paffera ainfi dans le mordant les fix livres de Soie, après quoi on ira les laver à la rivière ou dans de l'eau de rivière claire & repofée, fi la rivière eft trouble; mais on obfervera de ne point leur donner de *batture*, & on fe contentera de les tordre à la main à plufieurs reprifes, jufqu'à ce que l'eau qui en fortira ne foit plus trouble & blanchâtre.

Pendant ce temps-là on préparera un bain de cochenille, où l'on fera bouillir, pendant une bonne demi-heure, quatre onces de cochenille pour chaque livre de Soie, c'eft-à-dire une livre & demie pour la partie des fix livres, avec une demi-livre de tartre blanc en poudre pour le tout.

Après cela on achèvera d'emplir la chaudière avec de l'eau froide, & même fi le bain étoit encore affez chaud pour qu'on ne pût y endurer la main, on le laifferoit refroidir jufqu'à ce degré. On y paffera & *lifera* enfuite la Soie fur les bâtons pour la bien unir, comme on fait pour toutes les couleurs. Quand elle fera bien unie, on réchauffera le bain par degrés, pendant l'efpace d'environ une heure, jufqu'à ce qu'il foit prêt à bouillir; on foutiendra cette chaleur pour achever d'emplir la couleur : enfin on fera prendre un bouillon au bain pendant une minute, après quoi on lèvera la Soie & on ira la laver à la rivière.

4

Couleur de feu fin , ponceau ou écarlate en cochenille.

L'opération pour faire cette couleur, eſt entièrement la même que celle que l'on vient de décrire
pour le ceriſe : la feule différence qu'il y ait, c'eſt
que lorſque l'on veut faire un couleur de feu, il faut
avant de paſſer la Soie dans le mordant, commencer
par lui donner un *pied de Raucou,* comme celui qu'on
donne pour le ponceau fin ordinaire ; du reſte on doit
employer les mêmes manœuvres, & avoir les mêmes
attentions que pour le ceriſe dont on vient de donner
le procédé.

REMARQUES.

ON ſent bien que ſi l'on avoit une plus grande ou
une moindre quantité de Soie à teindre, il faudroit
augmenter ou diminuer la quantité de tous les ingrédiens dont on a beſoin pour cette couleur ; mais en
obſervant toujours les proportions reſpectives de ces
mêmes ingrédiens.

On peut cependant s'en écarter juſqu'à un certain
point, ſuivant les circonſtances ; par exemple, ſi les
acides dont on fait l'eau régale, ſont forts & concen-
trés, il eſt bon d'augmenter la quantité d'étain qu'on
y fait diſſoudre, comme d'une once ou d'une once
& demie par chaque livre d'eau régale, ſuivant la
force des acides, parce qu'en général plus le mordant
contient d'étain, plus la couleur devient belle & pleine.

Par la même raifon, fi les acides de l'eau régale étoient foibles & aqueux, il conviendroit de ne mêler à la diffolution d'étain, après qu'elle feroit faite, qu'une partie & demie d'eau, & même partie égale feulement s'ils étoient très-aqueux, comme on en trouve quelquefois chez les diftillateurs.

L'opération qu'on fait pour donner le mordant à la Soie, n'affoiblit que fort peu le même mordant; elle en diminue feulement la quantité à proportion de ce qui en demeure dans la Soie après qu'elle a été tordue: mais ce qui refte du mordant après qu'on y a paffé la Soie, conferve encore de la vertu & peut fervir à imprégner de nouvelle Soie; on doit donc le conferver pour s'en fervir une autre fois ou le mêler avec de nouveau mordant quand on fera dans le cas d'en faire.

Quoique ce mordant puiffe fe garder affez longtemps fans fe gâter, il eft bon néanmoins de n'en faire à la fois qu'à peu près la quantité dont on prévoit qu'on aura befoin, parce qu'à la longue il laiffe dépofer une partie de fon étain, fur-tout après qu'il a été affoibli par le double de fon poids d'eau.

Une attention qu'il faut encore avoir, eft de ne pas garder long-temps la Soie avant de la teindre, après qu'elle a reçu le mordant, parce qu'à la longue, les acides pourroient en altérer la qualité: il eft à propos par cette raifon de laver la Soie peu de temps après qu'elle a reçu le mordant, & de la teindre dans la même journée.

La pureté de l'eau eſt très-eſſentielle pour la réuſſite de ces couleurs, c'eſt pourquoi ſi l'on n'en avoit point de telle pour faire les lavages, tant du mordant, que de la Soie teinte, il faudroit, comme on l'a dit, la laiſſer éclaircir par le repos; & même le plus ſûr, ſur - tout pour laver la Soie après qu'elle eſt teinte, eſt de faire diſſoudre une once ou deux de crême de tartre dans chaque *barque* d'eau où l'on doit faire ce lavage.

Comme il faut que le bain ſoit bien nourri de cochenille pour la beauté de ces couleurs, & qu'elles ne demandent pas à y bouillir aſſez long-temps pour le tirer en entier, le bain n'étant pas entièrement épuiſé de couleur après qu'elles ſont faites, peut ſervir, ſoit à une nuance plus pâle, comme le couleur de roſe, ſoit pour faire un beau cramoiſi fin, en y teignant de la Soie alunée à l'ordinaire, pour chaque livre de laquelle on ajouteroit dans ce même bain, une once ou une once & demie de nouvelle cochenille, ſuivant la plénitude qu'on voudroit donner à ce cramoiſi.

Couleurs en bois de Breſil.

Pour faire ces couleurs, il faut donner le mordant à la Soie, comme ſi on vouloit la teindre en ceriſe ou en écarlate de cochenille, & enſuite la teindre dans un bain de bois de Breſil tel qu'on l'emploie pour les rouges ordinaires qu'on fait avec ce bois, excepté cependant qu'il n'y faut point employer d'eau de puits, mais de bonne eau de rivière.

Lorfqu'on n'a donné aucun pied de jaune à la Soie, elle tire de ce bain un couleur de cerife un peu moins rofé que celui de la cochenille, une efpèce de nacarat affez beau.

Si l'on veut faire un couleur de feu ou ponceau avec cette teinture, il faut avant de mettre la Soie dans le mordant, commencer par lui donner un pied de *Raucou*, mais un peu moins fort que pour les écarlates de cochenille.

REMARQUES.

LES couleurs qu'on peut faire avec le bois de Brefil, par le moyen du nouveau mordant, font à la vérité inférieures en beauté & en folidité à celles que fournit la cochenille; mais elles ne laiffent pas que d'être très-belles, & de furpaffer beaucoup en éclat celles que fournit le bois de Brefil fur la Soie fimplement alunée à l'ordinaire: elles l'emportent auffi en folidité fur ces dernières; car non-feulement elles fe foutiennent beaucoup plus long-temps à l'air, mais encore elles réfiftent très-bien à l'épreuve du vinaigre: on peut au moyen de cette propriété donner à la Soie teinte en ces couleurs de bois de Brefil le même *cri* ou *maniement* qu'à celle qui eft teinte en cramoifi fin, ou en ponceau fin, il fuffit pour cela de mettre dans le bain environ une demi-once de noix de galle blanche pour chaque livre de Soie: de plus, ces nouvelles couleurs de bois de Brefil font d'une réuffite encore plus affurée

que celles à la cochenille, & n'exigent pas autant de
précautions fur la pureté de l'eau : tous ces avantages
réunis à la médiocrité du prix de la teinture de bois
de Brefil, qui ne coûte prefque rien en comparaifon
de la cochenille, femblent promettre que ces nou-
veaux rouges en bois de Brefil feront utiles & qu'on
pourra les employer, peut-être même avec plus de
fuccès que les rouges de cochenille.

Enfin, pour dernière remarque, on obfervera que
la teinture de bois d'Inde fe tire auffi plus belle & plus
folide par le nouveau mordant que par l'alun, & qu'en
fe conformant aux manipulations qu'exige ce mordant
& dont on a parlé à l'occafion des autres couleurs,
on en peut faire des violets qui ne font pas fans
mérite.

A PARIS, DE L'IMPRIMERIE ROYALE. 1769.

www.ingramcontent.com/pod-product-compliance
Lightning Source LLC
La Vergne TN
LVHW010252030726
842520LV00007B/2892